U0193187

藏在身边的自然博物馆

动物馆

刘乐琼 主编

王灵捷 著

宋瑶 刘正一
曹佳丽 王安雨 绘

在沙漠　　　在极地

童趣出版有限公司编　　人民邮电出版社出版

北　京

中国科学院院士致小读者

在人们的生活中，几乎到处都能见到动物，无论是常见的鸡、鸭、鹅、猫、狗、羊、猪，还是小到会被我们忽略的蚊、蝇，它们都与人类密切相关，有的是人类的朋友，有的则是人类的敌人。许多人喜欢动物，尤其是孩子们更喜欢看动物，跟动物玩耍，和动物交朋友。然而，人们对这些动物的生活习性、生活环境、个体特征并不很了解，该保护的不知怎么保护，该躲避的不知如何去躲避……

　　由教育工作者和科学工作者共同合作完成的《藏在身边的自然博物馆·动物馆》这套书，以优美逼真的图画和生动童趣的语言，详细描绘了森林、草原、沙漠、极地等不同环境条件下的各种动物，有天空飞的，地上跑的，水里游的……为孩子们展现了丰富多彩的动物世界，犹如身边的动物园，使孩子们不出家门就能看到动物，了解动物与生态环境的关系，动物与人类的关系，为孩子们打开一扇走近动物世界、爱上大自然的门窗。

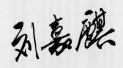

主编
的话

孩子王献给孩子们的礼物

　　我是一名幼儿教育工作者，15年前自北京师范大学学前教育系毕业后，就来到中国科学院幼儿园工作，成为了一名名副其实的"孩子王"。和孩子们待久了，会被他们眼中的光和心中的爱所感染，他们成为了我的老师。

　　他们是一群对世界充满了热烈的爱的人。目光所及，都是因爱而生的热烈拥抱，不论是一个同伴、一只小动物、一棵大树、一池沙子还是一汪泥潭，孩子们最喜欢做的就是毫不掩饰自己的喜爱，奔向他们，拉住他、摸摸它、抱抱它、捧起它、踩踩它。

　　他们是至真的，用真实的想法、真实的行动、真实的情感，去探索、发现这个世界的真相。他们是至善的，万物没有高低贵贱，在他们那里一概得到公平的拥抱。他们是至美的，艺术在他们那里是有一百种的，树叶沙沙、鸟鸣啾啾即是音乐，光影炫动、花红柳绿即是美术，心随我动即是舞蹈，每个符号都是创造，每个经过孩子手的物件都是新派艺术。

　　大自然就是孩子们最好的课堂，他们愿意去和植物、动物亲近，这仿佛是一种天然的联系。就像这套书里所描绘的，斗蛐蛐儿、观察乌龟、和小鸟为伴、抓蚯蚓、用树枝逗一逗西瓜虫，和大自然为伴，他们就好像拥有了幸福快乐的超能力。

和孩子们一起，看着他们，听着他们，读懂他们，理解他们，进而向他们学习，是难得的幸福，这就是做孩子王的快乐。

受益于孩子，总想把"最好的献给孩子"。

对儿童来说，什么是最好的呢？我一直告诫自己，不能用成人的视角替孩子说话，妄下结论。作为孩子王的我，比常人有更多向孩子们请教的机会，我时常用眼神、语言、动作去追寻孩子们的期望，得出了三点启示。

一是用孩子懂的方式呈现在孩子们面前的，往往是孩子们眼中的"好"。

二是用同伴式而非教师爷的方式来到孩子身边的，也能得孩子们的欢心。

最后一条，假如你是充满爱意的，孩子们总能感受到，而且也愿意热烈地回应你。

这是我做孩子王的心得，不论是做老师还是做父母的你，都可以试试。此次受邀组织编写一套写给孩子们的科普书，我也践行以上三点体会。

要让孩子读得懂，就得从孩子们身边抓取信息，比如狗是人类的好朋友，它们是怎样和我们互助的？猫咪的眼睛颜色为什么那么奇怪？瓢虫身上究竟有几个点点？喜鹊和乌鸦是亲戚吗？金鱼的腮帮子一闭一合，是在玩什么呢？

同伴式的呈现，不是急于告诉孩子们什么，而是用同伴的指引，共同去发现书中的秘密，通过一些引导式的精巧设计，仿佛给孩子找了一个好朋友，共读、共研、共学、共成长。就像书里特意绘制的孩子玩耍的场景，会自然而然把孩子带入进来。

而爱意就在那些精美的读给孩子听的文字里，在那些经过了无数次打磨的优美的线条、多姿的色彩和无数的细节刻画里。

孩子们，我把这套书献给你们！

刘乐琼

中国科学院幼儿园

目录

出没在
干燥沙漠

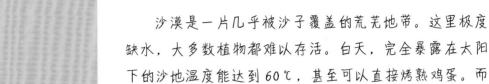

　　沙漠是一片几乎被沙子覆盖的荒芜地带。这里极度缺水，大多数植物都难以存活。白天，完全暴露在太阳下的沙地温度能达到 60 ℃，甚至可以直接烤熟鸡蛋。而到了夜晚，干燥的沙地热量会迅速流失，温度快速降低，有时甚至跌破 0 ℃。

　　在这里安家的动物们又有什么特殊的本领呢？

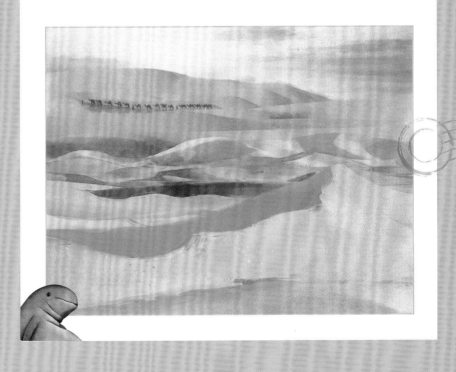

沙漠之舟

骆驼，脊索动物门，哺乳纲，偶蹄目，骆驼科

能行走在沙漠中的骆驼被人们称为"沙漠之舟"，这是因为它们有一套天然装备，完美适应了沙漠的极端环境，一起来看看吧。

骆驼拥有长长的睫毛，能够防止风沙入侵眼睛。

高高隆起的驼峰储藏着油脂，在食物匮乏时能为它们提供能量。细腻柔软的驼毛白天是一件"隔热衣"，夜晚则成了保暖的"毛衣"。

骆驼的鼻孔能够自由开合，防止沙粒进入鼻腔。

骆驼的蹄子长着厚且有弹性的掌垫，即使是在松软的沙地里行走，也不会下陷得很深。

单峰还是双峰？

从我国古代开始，人们就驯养双峰驼，我们现在所能见到的双峰驼也大多是人工驯养的品种，野生双峰驼的数量非常稀少。而单峰驼则几乎在野外消失，大都是人工驯养后放归自然的。

你知道吗？

沙漠的植物非常稀少，骆驼的食谱中有一道"美食"——狼毒草，其他动物包括我们人类如果误食这种植物都会中毒，但骆驼有强大的解毒能力，所以只有它们能享受这道独特的美食。

蝎子的毒针

蝎子，节肢动物门，蛛形纲，蝎目

蝎子是一种古老的动物，在遥远的古生代，它们的祖先生活在水中，用鳃呼吸。而如今，蝎子大多生活在温暖的地区，过着陆地生活。那么蝎子长什么样子呢？

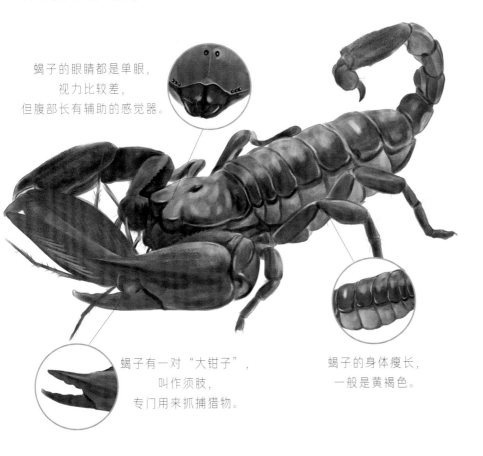

蝎子的眼睛都是单眼，视力比较差，但腹部长有辅助的感觉器。

蝎子有一对"大钳子"，叫作须肢，专门用来抓捕猎物。

蝎子的身体瘦长，一般是黄褐色。

毒针在哪里？

蝎子能够用毒液麻痹敌人，它们的毒针就藏在尾巴末端。当发起进攻时，它们尾巴会朝前弯曲，亮出毒针。

蝎子妈妈背宝宝

蝎子是卵胎生动物，当卵在蝎子妈妈体内发育成熟后，会直接被排出体外，来到妈妈的背上。蝎子妈妈要背着这些宝宝，直到它们完成第一次蜕皮。

蝎子会跳"双人舞"

在求偶的时候，雄性蝎子会在异性面前竖起尾巴，张开它的大钳子，就像在邀请对方跳一支"双人舞"。在跳舞过程中，雌性蝎子会把雄性蝎子排在地面的精子装进体内。

3

最小的狐狸

耳廓（guō）狐，脊索动物门，哺乳纲，食肉目，犬科

生活在沙漠的耳廓狐是世界上最小的犬科动物之一，萌萌的它们有的只有小猫那么大。除了尖尖的小脸、毛茸茸的尾巴，最具辨识度的就是那双大耳朵了。耳廓狐的毛色与沙漠环境融为一体，这能帮它们有效躲避天敌。浑身细密的毛发能防寒保暖，适应沙漠巨大的昼夜温差。脚上的软毛让它们适合在沙中行走，不易被热沙烫伤。

大耳朵，小耳朵

—— 北极狐
体长：50~60cm

—— 大耳狐
体长：46~66cm

你知道生态学的阿伦定律吗？恒温动物在温度越低的环境生活，身体突出的部分，比如四肢和耳朵，就会长得越短小。你看，生活在北极的北极狐耳朵就非常短小，而生活在热带草原的大耳狐则有一对加起来比头还大的大耳朵。

大耳朵的妙用

沙漠的白天十分炎热，动物们为了躲避酷热，大多会选择在夜晚出行，所以晚上可是耳廓狐捕食的好时机。白天用来散热的大耳朵到了晚上就可以捕捉猎物们发出的细微声响。

耳廓狐的大耳朵

你知道吗？

耳廓狐爸爸和耳廓狐妈妈的夫妻关系会固定终生。耳廓狐宝宝出生后会得到妈妈的悉心抚育。在它们断奶后，耳廓狐爸爸则会承担起给宝宝找食物的任务。

狼来了

灰狼，脊索动物门，哺乳纲，食肉目，犬科

你一定听过"狼来了"的故事吧，里面的主角大灰狼就是最常见的灰狼。它们的毛色从白色到褐色不均匀分布着，活动在高寒地区的灰狼毛色更浅，而生活在南方的灰狼毛色则更深。灰狼中的阿拉伯狼最能适应沙漠环境。它们个头不大，但个个都是"大长腿"，修长又强壮的四肢不仅能让身体远离地面的热浪，还能长途奔走。一双较大的耳朵也能帮它们更好地散热。此外，它们的毛色和沙子十分接近，能让它们很好地隐藏自己。

狼的食谱

狼不仅能合作捕猎大型有蹄类动物，也会吃一些小型动物。狼的胃口很大，但食物不足时它们也很能忍饥挨饿。

胡狼不是狼？

在热带大草原上，游荡着一种叫作胡狼的动物。胡狼的身形精瘦，远远看去和狐狸有点儿像。它们是灰狼的"亲戚"，虽然体形较小，却很狡猾，常常会在非洲狮等猛兽捕食时"捡漏"。

唯一的狼爸狼妈

狼是一种群居动物，在狼群中，只有最强壮的头狼和它的配偶才有繁殖的资格。其他成年母狼只参与捕猎和照顾头狼的宝宝，并不会生育自己的宝宝。

"跳高冠军"——跳鼠

跳鼠，脊索动物门，哺乳纲，啮齿目，跳鼠科

如果举行跳高比赛，冠军一定是生活在荒漠地区的跳鼠。它们是天生的"跳高"小能手，修长的后腿弹跳能力很强，跳跃行动十分迅速，像迷你版的小袋鼠。跳鼠那和身体一样长的尾巴能够让它们在半空中保持平衡。长有丛毛的长尾巴不仅能辅助跳跃，还能在它们休息时支撑身体呢。

跳鼠也有大耳朵

长耳跳鼠是跳鼠的一种，它们的耳朵像小兔子的一样又长又大，人们亲切地称它们为"沙漠米老鼠"。这样一双大耳朵让它们不仅能躲避天敌的猎捕，还能迅速捕食飞虫。

三趾还是五趾？

跳鼠家族还有三趾跳鼠和五趾跳鼠。数一数它们的脚趾，三趾跳鼠后足有3个脚趾，而五趾跳鼠后足有5个脚趾。

三趾跳鼠　　　　五趾跳鼠

你知道吗？

跳鼠可以做到好几年都不喝水哟。荒漠地区极度缺水，喝水可是件难事，跳鼠的办法就是通过食物补充水分，比如植物的汁液，这样就不用费力找水喝啦。

仙人掌上安家

吉拉啄木鸟，脊索动物门，鸟纲，䴕(liè)形目，啄木鸟科

　　荒芜的沙漠地带，动物们很容易被猎食者发现。别担心，动物们有自己的妙招。它们都尽可能地把家安在远离天敌的地方，有的打出隐蔽性很好的地穴，有的则干脆在仙人掌上挖洞作为巢穴。吉拉啄木鸟就是一种能在仙人掌上安家的动物，仙人掌的刺令天敌们难以靠近，鸟爸鸟妈会在仙人掌上给宝宝打造一个凉爽舒适的家。

吉拉啄木鸟从小就不停地
磨自己的爪子和鸟喙，
直到爪子和鸟喙上
出现厚厚的老茧，
最终能啄开仙人掌。

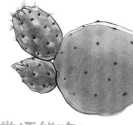

仙人掌还能吃？

　　沙漠中的仙人掌果肉富含水分和微量元素，所以仙人掌不仅是吉拉啄木鸟育幼的天然洞穴，还是它们的食物来源之一。除了仙人掌，它们也会捕捉昆虫为食。

其他仙人掌"居民"

　　生活在沙漠的穴鸮(xiāo)也是仙人掌"居民"之一，这种鸟儿天生依恋巢穴，喜欢长期居住在巢穴中，即使长大也不会离开。

你知道吗？

　　吉拉啄木鸟安家的仙人掌是十几米高的巨柱仙人掌，它们是世界上最高的仙人掌种类之一。巨柱仙人掌具有强大的储水能力，一株最多可以储存一吨多的水，就像一座小水库一样。

沙漠中的徒步高手

走鹃，脊索动物门，鸟纲，鹃形目，杜鹃科

　　我们人类常常幻想飞翔，有一种鸟儿明明有翅膀，却偏偏喜欢走路，这种鸟儿就是生活在沙漠的走鹃。走鹃的飞行能力退化了很多，只能从高处向下滑翔。不过走鹃可是"跑步"小能手，它们的双腿细长有力，能在沙漠中快速行走。走鹃的捕猎能力很强，体长近60厘米的它们能够猎杀昆虫、蜥蜴，甚至还敢把有剧毒的响尾蛇当成一道小点心呢！

走鹃的羽色并不华丽，和环境几乎融为一体。

走鹃在哪里安家？

　　勤劳的走鹃会自己"盖房子"，它们也会把家安在仙人掌上。除了仙人掌，飞行技术不佳的它们还喜欢在低矮的树上筑巢。

神奇的体温调节模式

　　沙漠昼夜温差大，走鹃是凭借特殊的体温调节技能适应沙漠环境的。鸟类的体温大多超过40℃，对寒冷天气的耐受能力相对较差。而走鹃能够通过调节体温来适应夜晚的降温。白天它们则会展开翅膀，吸收阳光中的热量。

走鹃大战响尾蛇

　　走鹃在与响尾蛇决斗时，会展开自己的翅膀分散响尾蛇的注意，然后咬住响尾蛇的头猛击地面。在这样危险的较量中，败者会成为胜利者的美餐。

响尾巴的蛇

响尾蛇，脊索动物门，爬行纲，蛇目，蝰蛇科

响尾蛇是一种蝰蛇，这类蛇都长有毒牙，身体比其他蛇类更粗壮，尾巴更短。响尾蛇最特别的地方就是它们的尾巴了，它们尾巴的末端有一串宝塔状的响环，在遇到威胁时会竖立起来快速摆动，利用空气震动发出"咯吱"的"死亡之声"来吓退敌人。响尾蛇刚出生的时候尾巴上只有一圈响环，随着它们蜕皮长大，响环数量会增加，发出的声音也更大。

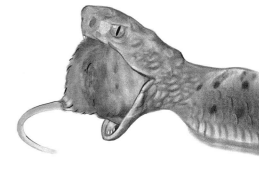

响尾蛇宝宝是卵胎生

响尾蛇宝宝是从卵中发育的，不过卵是在妈妈体内孵化的，响尾蛇妈妈会直接生出宝宝，这种出生方式就叫卵胎生。

致命猎手如何捕猎？

响尾蛇最致命的武器就是它的毒牙。在捕猎前，响尾蛇会先埋伏起来，用毒牙毒杀猎物，等猎物彻底死亡后再慢慢享用。响尾蛇也会借尾巴发出的声音吸引一些小动物靠近，诱杀它们。

你知道吗？

西部菱斑响尾蛇生活在水源稀少的干旱地区。当下雨或下雪时，它们会把自己的身体盘绕成一个密实而扁平的圈，利用鳞片将落到身上的水固定住，等收集到足够的水它们就能畅饮一番啦！

眼镜蛇的眼镜呢？

眼镜蛇，脊索动物门，爬行纲，蛇目，眼镜蛇科

眼镜蛇科家族的成员都有剧毒，其毒性能够轻松杀死成年人。眼镜蛇分布范围很广，在许多温暖的地区都能看到它们，在亚洲和非洲的沙漠地区也会有它们的身影。它们的毒腺和一对毒牙相连，咬住猎物的时候，能将毒液注射进猎物体内。动物中毒后，神经系统会遭到损害，最终呼吸衰竭而亡。眼镜蛇不仅爱吃鸟类、蛙类、蛋类等，还会捕食其他蛇类呢。

眼镜蛇被同类咬会中毒吗？

当然！只要毒素进入血液，都会发生中毒反应。但眼镜蛇毒有镇痛作用，可以应用于一些疾病的治疗。

眼镜蛇的眼镜

眼镜蛇的颈部有宽大的皮褶，受到威胁时，它们会立起身体前部，将皮褶撑开，来震慑敌人。这时候，皮褶上的图案看起来就像眼镜一样。

你知道吗？

毒蛇的种类很多，大多数毒蛇的头部都呈三角形。我国常见的剧毒蛇类除了眼镜蛇，还有同属于眼镜蛇科的金环蛇和银环蛇等。

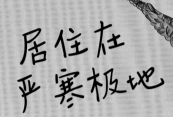

居住在严寒极地

　　地球的南北两极常年冰雪覆盖。在南极洲，年平均气温只有-25℃左右，除了科考团队，没有其他人类长期居住。放眼望去，是一片白色的世界。

　　北极的平均气温比南极高，在这里你能看到颇有气势的冰川，冰川储存着地球上珍贵的淡水资源。在这里生活的动物种类有一部分和南极类似，比如海豹和鲸类；也有一些动物居民只居住在北极附近，比如北极熊、北极兔、北极狐等。

在海中"飞翔"的鸟

企鹅，脊索动物门，鸟纲，企鹅目，企鹅科

看起来憨态可掬的企鹅其实是一种鸟类哟，它们的羽毛很短，身上黑白相间，像穿着一件燕尾服。企鹅虽然不会飞，但它们可是出色的"游泳运动员"，它们的泳姿看起来像是在水中飞翔一样。特化为鳍状的翅膀能为水下的它们提供前进的动力，而长有蹼的脚能够快速调整前进的方向。企鹅并不只在南极生活，整个南半球都有它们的身影。

小蓝企鹅　跳岩企鹅　斑嘴环企鹅　阿德利企鹅　帽带企鹅　王企鹅　帝企鹅

火眼金睛

南极洲还有一种身材高大的企鹅，和帝企鹅长得很像，那就是王企鹅。要区分它们的宝宝其实容易得多，因为王企鹅的宝宝浑身长着咖啡色的绒羽，看起来就像一颗行走的猕猴桃。

企鹅家族中的"巨人"

帝企鹅的身高一般在 1 米左右，生活在南极。当暴风雪来袭时，帝企鹅群会聚集到一起，形成一个大圆盘，轮番调整位置，让每一只企鹅都有机会来到大圆盘中央取暖。

冰天雪地里的爱

企鹅妈妈产下蛋后，企鹅爸爸会先承担孵化的任务，它会把企鹅蛋放在足背上，并用腹部的皱皮将其遮住，小心翼翼地看护。

霸道的"空中盗贼"

南极贼鸥，脊索动物门，鸟纲，鸻（héng）形目，贼鸥科

身穿暗褐色羽衣的南极贼鸥听名字就知道不好惹，的确，虽然它们看起来不起眼，却是在极地出没的危险掠食者。在贼鸥家族中，南极贼鸥属于大块头，展开翅膀的长度可以达到 1.4 米，是体长的两倍多呢。超长的翅膀就像天然的滑翔翼，让它们能够在空中借助气流滑翔，节省体力。敏锐的视觉搭配优秀的飞行能力，为它们搜寻猎物提供了完美的条件。

南极贼鸥有时也会进入热带海域觅食。

为什么叫贼鸥？

南极贼鸥拥有高超的飞行技术，却用来在空中抢夺其他海鸟辛苦找到的食物。而且，它们会在王企鹅巢穴附近游荡，一有机会就叼走企鹅蛋作为美餐，有时甚至还会对落单的企鹅宝宝出手。

海鸥不是"贼"

南极贼鸥　中贼鸥

红嘴鸥　普通海鸥

虽然名字相近，海鸥和贼鸥却有着截然不同的习性。海鸥大多数时候只会主动捕食小鱼或是甲壳动物。掠食性的贼鸥拥有更加弯曲的钩状喙，能够固定和撕开更大的食物。

你知道吗？

南极贼鸥现在数量很稀少，是国际生物保护组织保护的一种珍禽。在环境恶劣的南极，每一个南极"居民"都要有强大的生存技能才能立足。

萌萌的猛禽

雪鸮，脊索动物门，鸟纲，鸮形目，鸱（chī）鸮科

　　雪鸮（xiāo）跟它们的"亲戚"猫头鹰长得很像，它们浑身雪白，羽毛上散布着一些咖啡色的斑纹。这些生活在北极地带的鸟保暖功夫做得十分到位，不仅腿上包裹着白色羽毛，脸部的羽毛更是快要把尖尖的小嘴都包裹住了。别看雪鸮长相呆萌，它们可是雪原上的顶级"猎手"。雪鸮不仅有灵敏的听觉，脑袋还能旋转270°呢，猎物可逃不过它们的眼睛。

大多数鸟类为了更好地散热，腿部都不覆盖羽毛，而在寒冷地区生活的雪鸮则穿着厚厚的"毛裤"。

雪鸮宝宝是"丑小鸭"

　　美丽的雪鸮被称为"北极女王"，不过我们在雪鸮宝宝身上可看不到"女王"的风采，它们浑身灰突突的像丑小鸭一样。

什么是食丸？

　　雪鸮和一些猛禽在吞下猎物之后，会将无法消化的一部分毛发、骨头等吐出来。这种小毛球一样的呕吐物叫作"食丸"。动物学家能通过分析食丸了解到生活在这片地区的小型动物的现状。

呆萌大眼作用大

　　雪鸮圆圆的大眼睛自带"惊奇"效果。这双金黄色的眼睛十分敏锐，不仅能迅速发现猎物，还能精准地判断距离。

极地旅行者

北极燕鸥，脊索动物门，鸟纲，鸻形目，鸥科

北极燕鸥是世界上已知的迁徙路途最远的动物。它们在北极度过繁殖期，当北极的夏天过去，它们会纵越整个地球，抵达南极。每年，它们都要往返于地球两极之间，旅程长达 4 万千米。对于成年北极燕鸥来说，这样的长途跋涉已十分艰难。更难想象，北极燕鸥宝宝在北极出生后，刚刚长出飞羽，就要跟随父母展开这样的冒险。

燕鸥类的翅膀末端都很尖，这是为了减少飞行时遇到的阻力。

超强记忆力

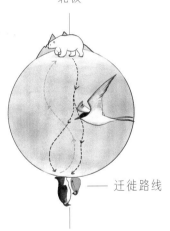

北极

—— 迁徙路线

南极

在跨越地球的漫长旅途中，北极燕鸥会选择在沿海地区休息，捕食一些鱼虾补充体能。何时迁徙、去往哪里，这是北极燕鸥世代相承的记忆。

候鸟的命运

对于候鸟来说，降落的时候必须及时补充食物。随着地球生态环境的变化，一些候鸟的觅食场环境恶化，食物资源也变得匮乏，这对它们来说是致命的。因此，保护环境才能让动物们拥有更多生存的机会。

你知道吗？

北极燕鸥是一种非常好斗的鸟儿，伙伴之间经常大打出手。当有敌人来犯时，它们则会团结起来对敌人猛烈攻击，连北极熊都不敢轻易来犯。

海狗不是狗

海狗，脊索动物门，哺乳纲，食肉目，海狮科

海狗是生活在海洋里的四脚哺乳动物，因外形像狗，因此得名海狗。其实，海狗与海狮亲缘关系很近，都属于海狮科大家族。海狗身上的毛发又密又光滑，因此也被叫作"毛皮海狮"。海狗胖嘟嘟的，一对小小的耳朵耷拉在脑袋两侧，再加上一双圆溜溜的眼睛，看起来憨态可掬。海狗行走的时候会撑起上半身，看起来真的和小狗有点儿像呢。

顽皮的海狗有时还会追逐企鹅群。

海狗的未来

由于人类对海狗的捕猎（部分用于制作药材）和对海洋生物的过度打捞，全世界的海狗种群数量有下降的趋势。在我们国家，每年的休渔期能避免过度捕捞对生态造成损害。

南极海狗最爱在岩石上享受日光浴啦。

北海狗的御寒法宝

北海狗有两件"御寒法宝"：第一件法宝是它们厚达15厘米的皮下脂肪；第二件法宝就是它们厚厚的毛发。这样两件"法宝"像"加绒皮衣"一样让北海狗们在北极圈也依旧生龙活虎。

海狗吃什么？

海狗常常在海中捕食鱼类和软体动物。性格活泼的它们有时会跟随渔民的船只，还会跳上船向渔民要吃的呢。

北极圈之王——北极熊

北极熊，脊索动物门，哺乳纲，食肉目，熊科

北极熊是世界上现存最大的陆地食肉动物，直立起来高达2.8米。它们看起来懒洋洋的，其实是优秀的"猎手"哟。它们的食谱上除了一些鱼类和鸟类，还有海豹。一头北极熊一顿可以吃下五六十千克的食物呢。随着全球气候变暖，北极熊的生存环境急剧恶化，它们正面临着灭绝的危机。保护这些美丽的生灵是我们共同的责任。

重量级猎手

北极熊个个是游泳健将，但它们更喜欢在冰面上狩猎。当它们捕食海豹时，会在冰面上埋伏，等海豹浮出水面呼吸的时候，发动突然袭击。它们的掌宽大厚实，猛烈的拍击甚至能把猎物直接震晕。

北极熊是黑色的？

北极熊看起来浑身雪白，实际上它们的皮肤是黑色的。因为它们的身体被厚厚的透明毛发覆盖，通过光线折射显现出淡黄色或白色。

你知道吗？

北极熊是一种爱独来独往的动物，北极熊妈妈会独自抚养自己的宝宝。

一角鲸的"角"不是角

一角鲸，脊索动物门，哺乳纲，鲸目，一角鲸科

　　说到"独角"，我们可能会首先想到神话中神秘的独角兽。你知道吗，在遥远的北冰洋，生活着一种"海洋独角兽"，它们叫作一角鲸。一角鲸最吸引人的就是那一根长长的、螺旋状的"角"，但那其实是一颗伸出嘴唇的牙齿，这颗奇特的牙齿长度能达到 2~3 米，几乎是它们体长的一半呢。有些雌性一角鲸没有"角"，还有些一角鲸长着两根"角"。

一角鲸没有背鳍，
它们的胸鳍也很小。

潜水高手

　　一角鲸十分擅长潜水，最深能够下潜到海面以下 1500 米，并能在水下停留长达 20 分钟。潜水的本领能让一角鲸捕食到许多海洋底栖动物，比目鱼是它们最爱的食物之一。

一角鲸的"角"有什么用？

　　一角鲸的"角"不仅是它们在家族中地位的象征，还能够在它们求偶时成为一较高下的武器。不过雄性之间的较量通常不会弄断它们的"角"。

"角"的秘密

　　一角鲸的"角"是中空的，而且大多数"角"都是左侧的牙齿。

海豹是猛兽

海豹，脊索动物门，哺乳纲，食肉目，海豹科

在南极和北极都少不了一种动物的身影，那就是海豹。海豹的身体圆滚滚的，皮下厚厚的脂肪层不仅能帮它们抵御严寒，还能为它们提供浮力。它们的四肢都特化成了鳍状肢，后肢是朝后长的，爬行的时候几乎帮不上忙。因此，在陆地上爬行时，它们只能像蠕虫一样依靠全身扭动前进，笨拙极了。不过它们十分擅长在水下活动，流线型的身体使它们在游泳时十分灵巧。

海豹宝宝还不敢下水。

庞大的海豹家族

海豹家族在南、北半球都有分布，其中南极分布最广。海豹家族的成员们长相各有特色，你能认出它们吗？

斑海豹　　　灰海豹　　　冠海豹

髯（rán）海豹　　　环斑海豹　　　象海豹

海豹宝宝还怕水？

海豹宝宝刚出生时还不会游泳，身上的白色绒毛都是中空的结构。一旦它们不小心掉入海水中，毛会完全被水浸没，让它们的身体变得很沉重，无法浮在海面上。等海豹宝宝褪去这层绒毛，就能跟随妈妈一起下海捕食了。

海豹吃企鹅？

海豹最擅长捕捉鱼类，在南极生活的海豹甚至还会追捕企鹅呢。

虎鲸可爱却凶猛

虎鲸，脊索动物门，哺乳纲，鲸目，海豚科

你知道还有哪种动物像大熊猫一样很难拍彩色照片吗？那就是虎鲸！因为虎鲸全身只有黑白两色。作为一种齿鲸，它们强壮有力，长着一口锋利的牙齿。虎鲸经常捕食海豹和企鹅，甚至会攻击鲨鱼和一些其他的鲸类。这样凶猛的猎食习性让它们获得了"杀手鲸"的称号。

虎鲸的牙齿单颗长度就超过 10 厘米。

虎鲸家族

虎鲸是高度社会化的一种动物，它们喜好群居，年长的虎鲸会教小虎鲸捕猎和哺育后代的技巧，成员之间甚至会用"语言"交流呢。

聪明的虎鲸

虎鲸是聪明的"猎手"，有时候会叼着鱼，引诱海豹或是海鸟靠近，然后趁机吃掉它们。

虎鲸的眼睛在哪里？

虎鲸的脸两侧有两块白色的斑纹，常被人误认为是眼睛。其实它们的眼睛很小，就位于白色斑纹的最前侧呦。

能发光的南极磷虾

南极磷虾，节肢动物门，软甲纲，磷虾目，磷虾科

南极磷虾生活在南极洲水域，它们过着群体生活，一个群体甚至能聚集数万名成员呢。磷虾富含蛋白质，对于一些鱼类和哺乳动物来说，磷虾是它们眼里最佳的食物。体形硕大的蓝鲸就是这类食客，挑食的蓝鲸甚至只吃磷虾，一天就能吃掉 2~6 吨磷虾。不过不用担心磷虾会因此灭绝，要知道世界上的磷虾大约有几亿吨，鲸吃掉的连总数的零头都不到哟。

南极磷虾体长约 5~6 厘米，体重仅有 2 克。

磷虾不是虾

磷虾和我们常见的虾不一样。磷虾属于磷虾目磷虾科，它们附肢的数量、形状都和其他科的虾不同。

它们都爱吃磷虾

除了蓝鲸，海狗和各种海鸟也喜欢以磷虾为食。

磷虾会发光？

磷虾是一种十分美丽的生物，在它们的眼、胸、腹部都长有发光器官，会间隔发出黄绿色的生物光。

观察笔记：有趣的动物行为实验

记录：

　　动物行为学家们做了许多有趣的实验，你可以试着搜集相关资料，分享给身边的人。

我找到的有趣实验：

　　有一次，动物行为学家先用红绳将骆驼拴在粗大的树桩上，让它们难以挣脱。

时间久了之后，骆驼就习惯了被红绳捆绑在物体上。

　　以至于当人们把树桩换成小树枝时，它们也不再挣扎了。

观察笔记：海兽大不同

记录：

海豹、海狗、海狮和海象让许多人无法对号入座，但仔细观察，就能发现它们之间存在着多处差别。试着找到几组自然界里外形相近的动物，找找它们之间的不同吧。

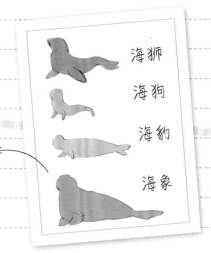

海狮
海狗
海豹
海象

我的观察笔记：

（海狗属于海狮的一种，但外形和习性上都有自己的特点，因此单独分类。）

体形： 海象 > 海狮 > 海豹 > 海狗

有耳   海狮
        海狗
无耳   海豹
        海象

耳朵： 海狗和海狮都有明显的外耳，而海豹和海象没有。海狗的耳朵更大一些。

吻部： 海狮的吻部向前突出较多，而海狗和海豹的较短、较圆。海象的吻部很宽厚，胡须垫的面积很大。

毛发： 在这四种动物中，海狗的毛发最长，雄性海狮的脖子周围有一圈鬃毛。

行动： 海狗和海狮在陆地上行动比较灵活，而海豹和海象比较笨拙。

致谢

　　《藏在身边的自然博物馆》是原创的科普百科绘本，它的每一个字、每一幅画，都是"纯手工打造"。

　　两位主编是对科普创作抱有极大热忱的老师，长久以来，他们在各自的岗位上不遗余力地向少年儿童传播科学知识和科学精神。此次能够合作出版这系列体系庞大、知识面广泛的图书，依赖平时经验的积累，他们是希望借此触达更多孩子，启发孩子的科普兴趣，培养孩子的探索精神。

　　美术指导宋瑶老师带领的北京科技大学插画团队，历时2年多，用一笔一画描绘了大自然的鬼斧神工。

　　两位作者都是资深的童书作者，也是大自然的探秘者、动植物的爱好者。她们用一字一句勾勒了动物和植物的灵魂。

　　同时，下面这些人在《藏在身边的自然博物馆》的成功启动上起到了关键的作用。他们在科普知识的梳理上及在文字的反复雕琢上，都费尽了心血。他们有的是专门的动、植物研究人员，有的是青少年科普活动的组织者，有的是活跃在基础教育战线的实践者。在此，郑重对他们表示感谢：首都师范大学教师宋傲修，中国科学院植物研究所博士费红红、张娇、吴学学、单章建，中国林业科学研究院硕士肖群瑶，华中农业大学博士李亚军，北京林业大学硕士滕雨欣、学士石安琪。

　　《藏在身边的自然博物馆》在这样一个优秀团队的努力下，用这种图文并茂的方式呈现给小读者，希望能够激发大家观察自然、探索自然的兴趣，滋养热爱自然、保护自然的情怀。

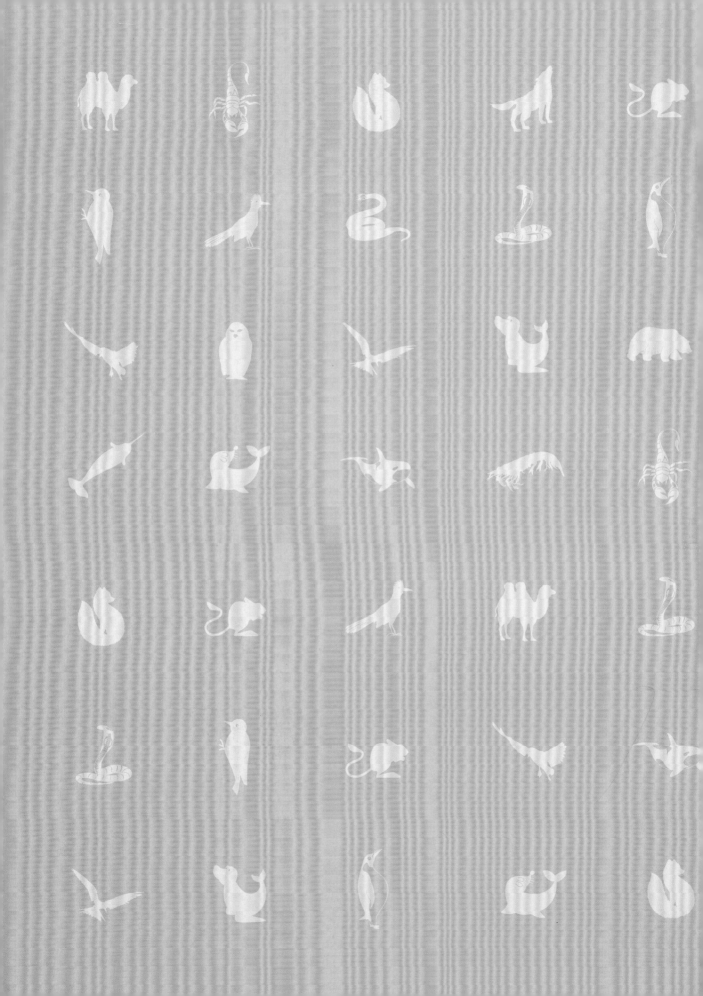